Titolo: Uranio, il metallo che fa paura (ma che può salvare l'umanità)

Autore: AA.VV.

Copyrighy © 2022 FREE2READ

All Rights Reserved

© 2022 Edizione FREE2READ

"Una libbra di uranio vale circa 3 milioni di libbre di carbone o petrolio"

- James Lovelock

IL FASCINO DELL'URANIO

L'uranio è certamente uno degli elementi più famosi, o forse si dovrebbe quasi dire più famigerati.

Innanzitutto è l'elemento naturale più pesante, oltre ad essere abbastanza abbondante nella crosta terrestre (più dell'argento).

È uno degli 8 elementi il cui nome è quello di un oggetto celeste e fu scoperto dal chimico Klaproth solo otto anni dopo la scoperta del pianeta Urano. Nella tavola periodica si trova tra gli attinoidi, il secondo guscio di metalli a riempire i loro orbitali f con elettroni di valenza, rendendoli grandi e pesanti.

Se non siete appassionati di chimica, dopo aver letto i seguenti paragrafi potreste seriamente diventarlo. Se invece non ne venite contagiati, non preoccupatevi, li rileggerete quando il fuoco della passione per chimica vi avrà travolti...

Chimicamente, l'uranio è affascinante. Il suo nucleo è così pieno di protoni e neutroni che avvicina i suoi gusci di elettroni centrali. Ciò significa che entrano in gioco effetti relativistici che influenzano le energie orbitali degli elettroni. Gli elettroni del nucleo interno si muovono più velocemente e vengono attirati nel nucleo pesante, schermandolo meglio. Quindi gli orbitali di valenza esterni sono più schermati ed espansi e possono formare orbitali molecolari ibridi che hanno generato discussioni sull'ordine preciso delle energie di legame nello ione uranile fino a questo secolo.

Ciò significa che ora è possibile combinare una varietà di orbitali per creare legami e da questo alcuni composti molto interessanti. In assenza di aria, l'uranio può mostrare un'ampia gamma di stati di ossidazione (a differenza dei lantanidi) e forma molti complessi profondamente colorati nei suoi stati di ossidazione inferiori. Il tetracloruro di uranio che Peligot ha ridotto è di un bel colore verde erba, mentre il triioduro è blu notte. Per questo motivo, alcuni considerano l'uranio un "grande metallo di transizione". La maggior parte di questi composti sono difficili da produrre e caratterizzare visto che reagiscono molto rapidamente con aria e acqua. Tuttavia, c'è ancora spazio per grandi scoperte in quest'area della chimica.

Le ramificazioni degli effetti relativistici sulle energie degli elettroni di legame hanno generato molti entusiasmi tra i chimici di sintesi, ma molti mal di testa tra i chimici sperimentali e computazionali che stanno cercando di capire come affrontare meglio la pesante eredità delle scorie nucleari.

Nell'ambiente, l'uranio esiste invariabilmente come un sale di biossido chiamato ione uranile, in cui è strettamente inserito tra due atomi di ossigeno, nel suo stato di ossidazione più elevato. I sali di uranile sono notoriamente non reattivi agli atomi di ossigeno e circa la metà di tutti i composti di uranio conosciuti contengono questo motivo diosso. Uno degli aspetti più interessanti di quest'area della chimica dell'uranio è emerso negli ultimi due anni: alcuni gruppi di ricerca hanno trovato il modo di stabilizzare lo ione di uranile singolarmente ridotto, un frammento che era tradizionalmente considerato troppo instabile per essere isolato. Questo ione sta ora iniziando a mostrare reattività ai suoi atomi di ossigeno e potrebbe essere in grado di insegnarci molto sui fratelli artificiali più radioattivi e più reattivi dell'uranio, il nettunio e il plutonio, presenti anche loro nelle scorie nucleari.

UNA FAME SINISTRA, MA IMMERITATA

Fuori dai laboratori di chimica, l'uranio è meglio conosciuto per il suo ruolo come combustibile nucleare. È stato in prima linea nella coscienza di molti chimici per il dibattito internazionale sul ruolo che l'energia nucleare può svolgere in un futuro come fonte di energia a basse emissioni di carbonio e se le nostre nuove generazioni di centrali elettriche siano più sicure, efficienti e a prova di errore umano.

Per produrre il combustibile utilizzato per alimentare i reattori per la generazione di elettricità, l'uranio presente in natura, che è quasi tutto U-238, è arricchito con l'isotopo U-235 che normalmente è presente solo in circa lo 0,7%. Gli avanzi, chiamati uranio impoverito, o DU, hanno un contenuto di U-235 molto ridotto, di solo circa lo 0,2%. Questo è il 40% meno radioattivo dell'uranio naturale ed è il materiale che viene usato per produrre composti in laboratorio.

Poiché è così denso, l'uranio impoverito viene utilizzato anche per come schermatura, nelle chiglie delle barche per esempio o, cosa più controversa, nel punta delle armi perforanti. Il metallo ha infatti la capacità di auto-affilarsi mentre perfora un bersaglio, piuttosto che schiacciarsi all'impatto (prendendo la forma di un fungo) come invece fanno le armi convenzionali con punta in carburo di tungsteno.

I critici verso le armi all'uranio impoverito affermano che il grosso problema è nell'accumulo di questi proiettili sui campi di battaglia. Anche se l'uranio è principalmente un emettitore alfa e la sua radioattività diventa davvero un problema solo se entra nel corpo umano dove può accumularsi nei reni, è anche un metallo pesante con una tossicità chimica approssimativamente paragonabile a quella del piombo o del mercurio.

Malgrado questi aspetti, l'uranio non si merita di essere considerato come uno tra i più cattivi della tavola periodica. Basta pensare che gran parte del calore interno alla Terra è dovuto al decadimento dei depositi naturali di uranio e torio. Quindi, in ultima analisi, tutte le fonti geotermiche considerate tra le energie più verdi tra quelle utilizzate dall'uomo, sono per così dire alimentate dall'uranio.

Ma un altra considerazione che potrebbe aiutare a ripulire la cattiva immagine dell'uranio è il suo utilizzo nel vetro. Allo stesso modo in cui i sali di piombo vengono aggiunti al vetro per produrre cristalli scintillanti, i sali di uranile conferiscono al vetro un colore giallo-verde molto bello e traslucido. Inoltre, i vetrai hanno sperimentato l'uso dell'uranio per produrre un'ampia gamma di colori che rendono il vetro simile ad una gemma.

Uno scavo archeologico vicino a Napoli, nel 1912, ha portato alla luce una piccola tessera di mosaico verde datata 79 d.C., che si dice contenesse uranio, anche se si tratta di un'ipotesi non ancora confermata. Tuttavia, all'inizio del 19° e all'inizio del 20° secolo, l'uranio era ampiamente usato in contenitori e calici da vino. Si tratta di oggetti considerati ancor oggi sicuri per bere, ma pericolosi se rotti o, peggio, causa di tagli o ferite.

IL METALLO CHE FA PAURA

Parlando di uranio è difficile non sentire istintivamente un certo disagio, misto a paura, generato da tutto quello che abbiamo sentito circa i drammatici incidenti nucleari di Chernobyl e di Fukushima e circa l'impiego di uranio impoverito in zone di guerra.

I mass-media, sull'argomento non ci sono mai andati leggeri e, per dare qualche emozione in più al proprio pubblico, hanno preferito terrorizzare anziché informare.

Nella realtà l'uranio è un metallo abbastanza comune, presente nella maggior parte delle rocce in basse concentrazioni (da 2 a 4 parti per milione). Inoltre, in questi anni ha attirato l'attenzione di molti investitori, che intravedono la possibilità che i prezzi del metallo possano mettere a segno consistenti guadagni nel prossimo futuro.

L'uranio fu scoperto nel 1789 nel minerale pechblenda da Martin Klaproth, un chimico tedesco, che lo battezzò come il pianeta Urano. La lucente polvere nera che il chimico Klaproth isolò dal minerale pechblenda era in realtà ossido di uranio. Solo cinquantadue anni dopo, Eugène Melchior Peligot, ridusse il tetracloruro di uranio con potassio e da queste condizioni più ottenne finalmente un metallo bianco argenteo puro.

Infatti, quando l'uranio viene raffinato è un metallo bianco argenteo, debolmente radioattivo, ma che reagisce con la maggior parte degli elementi non metallici e dei loro composti, reazione che aumenta con la temperatura.

L'uranio è presente sotto forma di due isotopi (atomi con un neutrone in più o in meno): l'uranio-238 (U-238) e l'uranio-235 (U-235). Il primo rappresenta più del 99% del metallo disponibile, il secondo meno dell'1%. Il più raro, l'U-235, è anche il più importante ed è quello comunemente usato come combustibile nucleare. Infatti è fissile, il che significa che in certe condizioni l'isotopo può essere diviso, sprigionando una notevole quantità di energia.

L' U-238 invece non è fissile ma fertile. Cosa significa? Significa che può catturare uno dei neutroni intorno al nocciolo di un reattore, creando plutonio-239, un isotopo fissile che emana una notevole quantità di energia. Il plutonio è tristemente famoso per essere stato usato nella bomba atomica che venne sganciata su Nagasaki (quella di Hiroshima era all'uranio-235).

Attualmente, l'uso più importante dell'uranio è nella produzione di energia nucleare. Fu impiegato nelle prime centrali nucleari nel 1950 e, ad oggi, i reattori nucleari sono diventati più di 400, una flotta di centrali che provvede ad oltre il 10% dell'energia elettrica del mondo.

Ma, come tutti sanno, esiste un impiego dell'uranio un po' meno pacifico: i penetratori ad alta densità e le bombe nucleari.

I primi sono munizioni all'uranio impoverito legato con l'uno o il due percento di altri metalli, solitamente titanio e molibdeno, mentre le bombe nucleari hanno drammaticamente costituito uno dei primi utilizzi del metallo anche se, dal 1990, la maggior parte dell'uranio militare è stato riconvertito per essere impiegato come combustibile nelle centrali nucleari civili.

Con la popolazione del nostro pianeta in crescita continua, la necessità di avere fonti energetiche è più importante che mai. Si prevede che entro il 2030, il consumo di elettricità sarà raddoppiata rispetto ai livelli del 2007 e una parte significativa deriverà dall'energia nucleare. La sola Cina costruirà 40 nuovi reattori nucleari entro il 2020, così come la Russia che ne costruirà altri 25 e l'India altri 24.

Perciò è lecito domandarsi se ci sarà abbastanza uranio per soddisfare tutte queste nuove esigenze. Secondo molti analisti non vi sono dubbi che ci sarà un deficit di approvvigionamento di questo metallo e con esso un forte aumento dei prezzi. Ma i tempi con cui questo avverrà non sono troppo chiari, come dimostra il fatto che è ormai da qualche anno che gli esperti si attendono un rialzo dei prezzi che fino ad ora non c'è stato.

Tuttavia, per chi crede che i fondamentali della domanda e dell'offerta siano i driver più importanti del mercato, non ci sono molti dubbi che l'uranio costituisce un investimento interessante per i prossimi anni.

CAPIRE LA RADIOATTIVITÀ PER CAPIRE L'URANIO

A questo punto, che uranio sia radioattivo dovremmo averlo capito. Ma, tra i metalli radioattivi, l'uranio è speciale in quanto uno dei suoi isotopi, l'uranio-235, è l'unico isotopo presente in natura in grado di sostenere una reazione di fissione nucleare (per chi non ricorda cosa è un isotopo basta pensare ad una versione dell'elemento con un diverso numero di neutroni nel suo nucleo).

In ogni caso, per capire l'uranio, è importante capire la radioattività. L'uranio è naturalmente radioattivo: il suo nucleo è instabile, quindi l'elemento è in un costante stato di decadimento, alla ricerca di una disposizione più stabile.

In effetti, l'uranio è stato l'elemento che ha reso possibile la scoperta della radioattività. Nel 1897, il fisico francese Henri Becquerel lasciò alcuni sali di uranio su una lastra fotografica come parte di alcune ricerche su come la luce abbia influenzato questi sali. Con sua sorpresa, la targa si appannava, indicando una sorta di emissioni dei sali di uranio. Becquerel ha condiviso un premio Nobel con Marie e Pierre Curie nel 1903 per la scoperta.

Ad ogni modo, la radioattività è il fenomeno della disintegrazione spontanea di nuclei atomici instabili in nuclei atomici per formare nuclei atomici più energeticamente stabili.

Il decadimento radioattivo è un processo altamente esoergico (una reazione che rilascia energia quando si formano legami chimici), statisticamente casuale, che si verifica con una piccola quantità di massa che viene convertita in energia. Nel decadimento radioattivo, in ogni disintegrazione viene liberata una quantità relativamente grande di energia, in genere circa 1 milioni di volte più della quantità di energia liberata in una reazione chimica esotermica, cioè pochi milioni di elettronvolt (MeV) di energia per nucleo, rispetto a pochi elettronvolt (eV) di energia per atomo o molecola.

Inoltre, non va dimenticato che il decadimento radioattivo è un fenomeno nucleare e non elettronico, quindi, la sua velocità non è alterata in modo da variazioni di temperatura o pressione.

Purtroppo non si tratta di un fenomeno troppo intuitivo, come tutto quello che accade su scala atomica visto che non la dimensione non ci consente di averne esperienza diretta (non possiamo ne vedere ne toccare). Perciò proviamo a dare un'altra spiegazione sintetica ma elementare della radioattività.

Immagina un atomo, composto da una nuvola di elettroni attorno a un nucleo centrale in cui delle particelle chiamate neutroni e protoni sono ammassate insieme. Alcune disposizioni di protoni e neutroni sono più stabili di altre; se ci sono troppi neutroni rispetto ai protoni, il nucleo diventa instabile e si sfalda. Questo decadimento rilascia radiazioni nucleari sotto forma di particelle alfa, particelle beta e radiazioni gamma.

Una particella alfa porta via due protoni e due neutroni, e poiché un elemento è definito dal suo numero di protoni, l'atomo genitore diventa un elemento completamente nuovo quando viene emessa una particella alfa. Nel decadimento beta, un neutrone si trasforma in un protone e un elettrone, e l'elettrone accelera, lasciando dietro di sé un protone in più e ancora una volta risultando in un atomo di un elemento diverso. Accanto a una delle particelle di cui sopra, i nuclei in decadimento possono anche produrre raggi gamma, che non sono altro che radiazione elettromagnetica ad alta energia.

Tra l'altro, la radioattività è un fenomeno naturale. Molti minerali sulla Terra emettono un lento e costante rivolo di radiazioni, l'aria che respiriamo contiene gas radioattivi e anche gli alimenti e il nostro corpo contengono una piccola percentuale di atomi radioattivi come il potassio-40 e il carbonio-14.

La Terra stessa riceve radiazioni dal Sole come raggi cosmici ad alta energia. Queste sorgenti creano un livello naturale, ma inevitabile, di radiazione di fondo. A queste si aggiungono molte fonti artificiali di cui siamo circondati nella vita quotidiana: i raggi X utilizzati in medicina, i rilevatori di fumo, i materiali da costruzione e i combustibili.

In genere non siamo danneggiati da sorgenti di radiazioni di fondo di basso livello, poiché l'entità del danno dipende dalla durata e dal livello di esposizione. A grandi dosi, le radiazioni possono danneggiare la chimica interna del corpo, rompendo i legami chimici nei nostri tessuti, uccidendo le cellule e danneggiando il DNA, con la possibilità di ammalarci di cancro. A dosi ancora più elevate, le radiazioni possono causare malattia e morte in poche ore.

Come diceva Paracelso, "omnia venenum sunt: nec sine veneno quicquam existit. Dosis sola facit, ut venenum non fit", che altro non significa che "tutto è veleno: nulla esiste di non velenoso. Solo la dose fa in modo che il veleno non faccia effetto".

I MINERALI DI URANIO

Quando si parla di uranio allo stato minerale si comprendono numerosi minerali visto che si conoscono più di 160 specie che contengono uranio come elemento essenziale. Quasi tutte sono presenti nei vari tipi di giacimenti di uranio.

Il motivo di tante specie di minerali di uranio sono tecniche ed economiche. Tecniche perché il minerale ha molti gradi di ossidazioni e una geochimica complessa, economiche perché la sua importanza energetica ha attirato molta attenzione, che ha consentito di conoscerlo bene.

Per anni i minerali di uranio sono stati divisi in due grandi gruppi: primario e secondario. Si tratta di una classificazione basata sulla convinzione che in origine l'uranio si fosse depositato come ione U^{4+} e, successivamente, l'ossidazione avesse creato il minerale di uranile (UO_2^{++}). In realtà, come fu scoperto successivamente, vari minerali di uranile si formarono direttamente in concentrazioni sufficienti per essere economicamente sfruttabili. Quindi, attualmente, la classificazione dei minerali di uranio si basa sul grado di ossidazione e cioè gruppo degli uranosi (gruppo ridotti) e gruppo degli uranili (gruppo ossidati).

Ma a parte questi aspetti chimici, è interessante notare che i minerali uranosi che si incontrano in natura hanno un colore nero o marrone. Gli uranili invece hanno un colore giallo, rosso, arancio o verde. Molti di questi ultimi (ma non tutti) sono florescenti, mentre gli uranosi non lo sono.

In ogni caso, quasi sempre l'uranio viene estratto da due minerali estremamente redditizi: l'uraninite (detta anche pechblenda) e la carnotite. Inoltre, non va dimenticato che l'uranio è presente in grandi quantità sulla crosta terrestre, però in concentrazioni molto basse. Con circa 1,8 ppm (parti per milione) è abbondante come lo stagno e molto di più dell'oro e dell'argento. Ne consegue che estrarlo è un'attività mineraria che necessita l'estrazione di un elevato volume di materiale roccioso.

Oltre alle miniere classiche di uranio, di cui tratteremo nel seguito, esiste anche un altro modo di estrazione, utilizzando gli scarti di lavorazione di altri tipi di miniere. Secondo le nostre conoscenze odierne le principali risorse da cui ricavare uranio sono i fosfati, le ceneri delle centrali a carbone e le terre rare. Naturalmente, la convenienza economica dipende dalle concentrazioni che, se diventano alte, permettono di avere prezzi concorrenziali rispetto all'uranio da miniere dedicate.

Principali minerali di uranio		
uraninite	coffinite	brannerite
davidite	tucolite	autunite
carnotite	gummite	saleite
torbernite	tyuyamunite	uranocircite
uranofane	zeunerite	

DOVE SONO E COME SONO FATTI I DEPOSITI DI URANIO

Al contrario di quanto si possa pensare, l'uranio è uno degli elementi più comuni sulla crosta terrestre. Assai più comune dell'argento (40 volte) e dell'oro (500 volte), tanto per fare degli esempi.

Nonostante la maggior parte delle persone considerino questo metallo come un pericolo da evitare, vale certamente la pena conoscerlo meglio, quanto meno per non cadere in stupidi pregiudizi.

L'uranio è così abbondante che può essere trovato quasi ovunque, nel terreno, nei fiumi, negli oceani e nelle rocce. Al contrario, è difficile trovare dove ce ne sia in concentrazioni sufficienti da formare un giacimento economicamente sfruttabile. Per quanto conosciamo, le zone più ricche di questo minerale a livello globale si trovano in Kazakistan, Canada, Australia e Sud Africa.

Il minerale viene estratto in diversi modi, a seconda delle condizioni geologiche. L'estrazione può avvenire a cielo aperto, sotterranea, per lisciviazione in situ o da pozzi. Una volta estratto, viene frantumato e trasformato in polvere, quindi lisciviato con un acido o con alcali. Il percolato che si ottiene è sottoposto a tutta una serie di processi che lo trasformano in una miscela arricchita, chiamata yellowcake, che contiene almeno il 75% di ossido di uranio. Dopodiché viene calcinato, macinato e raffinato.

I depositi di uranio sono generalmente classificati in base alla roccia ospite, alla loro struttura e alla mineralogia del deposito stesso. In genere viene utilizzato lo schema di classificazione della Atomic Energy Agency, che suddividere i depositi di uranio in 14 categorie in base alla loro importanza economica.

Non conforme	Intrusivo	Di metasomatite
Di arenaria	Di fosforite	Metamorfico
Di Ciottoli di quarzo	Di tubi di breccia collassati	Di lignite
Venoso	Vulcanico	Di scisto nero
Di breccia	Superficiale (calcreti)	

I depositi non conformi possono essere tra i depositi più grandi e ricchi della Terra. Rispetto ad altri depositi di uranio, i non conformi tendono a contenere minerale di grado più elevato. L'area più significativa per questo tipo di deposito è attualmente il Bacino Athabasca (Canada).

Per importanza seguono i depositi di arenaria, che si trovano all'interno di arenarie situate in un ambiente sedimentario marino fluviale continentale o marginale. I depositi di arenaria costituiscono circa il 18 percento delle risorse mondiali di uranio e sono comunemente classificati come di grado medio-basso. Ne esistono anche in Europa Centrale, oltre che negli Stati Uniti e nel Kazakistan.

Infine una curiosità. La prima produzione industriale di uranio della storia è stata realizzata da un deposito venoso nella Repubblica Ceca. Marie e Pierre Curie utilizzarono proprio gli sterili di questa miniera per scoprire il polonio e il radio.

GEOPOLITICA DELL'URANIO

DOVE SI TROVANO LE PIÙ GRANDI RISERVE DI URANIO DEL MONDO?

L'uranio è stato e rimane un metallo importante visto che ha fornito combustibile per generare energia nucleare per oltre 60 anni. Ancor oggi, l'energia nucleare costituisce il 10% del fabbisogno energetico globale.

Nei prossimi anni si prevede che la domanda globale di uranio crescerà, cosa che dovrebbe risollevare i prezzi del metallo in futuro. Secondo la World Nuclear Association (WNA), in tutto il mondo sono in costruzione più di 50 reattori nucleari e anche gli impianti esistenti prevedono aumenti significativi della loro capacità produttiva.

Per quanto riguarda la produzione globale, nel 2019 è stata di 53.656 tonnellate (U_3O_8) e i cinque principali paesi produttori di uranio nel mondo sono stati il Kazakistan, il Canada, l'Australia, la Namibia e il Niger.

Ma in termini di riserve, secondo gli ultimi dati della WNA, i 5 principali paesi sono quelli che troviamo nella seguente graduatoria.

1. AUSTRALIA: 1.692.700 tonnellate (28% delle riserve mondiali)

Anche se l'Australia è al terzo posto nella produzione globale di uranio, possiede le più grandi risorse del mondo. Qui si trova anche il più grande giacimento di uranio conosciuto al mondo, Olympic Dam. Nel contesto di mercato attuale che vede prezzi bassi per l'uranio, il governo australiano frena i nuovi progetti di estrazione, consentendo però l'attività di quelli esistenti.

2. KAZAKISTAN: 906.800 tonnellate (15% delle riserve mondiali)

Principale produttore mondiale di uranio, il Kazakistan non ha una rete elettrica nazionale e almeno il 69% della sua produzione di elettricità proviene dal carbone, con il resto fornito da gas naturale (19%), idroelettrico (11%) ed eolico (1%). Tuttavia, entro il 2030, dovrebbe avere il 4,5% della generazione di elettricità da energia nucleare e il 10% da energia rinnovabile.

3. CANADA: 564.900 tonnellate (9% delle riserve mondiali)

La nazione nordamericana ospita le due principali miniere di uranio del mondo: Cigar Lake e McArthur River. Si trovano entrambe nella provincia del Saskatchewan, un distretto assai ricco di uranio di qualità elevata. Il paese vanta anche una infrastruttura nucleare avanzata, con cinque centrali elettriche e 22 reattori nucleari.

4. RUSSIA: 486.000 tonnellate (8% delle riserve mondiali)

Tra le tante ricchezze naturali della Russia, c'è anche l'uranio. La maggior parte della produzione nazionale di uranio proviene da Rosatom, una filiale di ARMZ Uranium Holding, che possiede la miniera sotterranea di Priargunsky e sta sviluppando il giacimento di Vershinnoye nella Siberia meridionale. Attualmente, il paese ha 38 reattori nucleari che generano 28.578 megawatt elettrici, con altre 21 unità pianificate e 23 unità in progettazione.

5. NAMIBIA: 448.300 tonnellate (7% delle riserve mondiali)

Le due miniere del paese, Langer Heinrich e Rössing, sono in grado di produrre il 10 per cento della produzione mondiale di uranio. Inoltre, il governo namibiano è favorevole all'espansione dell'industria mineraria dell'uranio del paese.

I 10 PIÙ GRANDI PAESI PRODUTTORI DI URANIO

Da circa dieci anni, la produzione di uranio nel mondo aumenta in modo costante. Nel 2007 se ne producevano 41.282 tonnellate e nel 2019 si è arrivati a 53.656 tonnellate.

La maggior parte dell'uranio estratto diventa U3O8, un elemento indispensabile per il settore dell'energia atomica e per alimentare i reattori nucleari. Si tratta di qualcosa che ha un peso pari al 10% dell'elettricità mondiale, generata per l'appunto dall'energia nucleare. Inoltre, si prevede che tale percentuale aumenterà nel futuro.

Se non ci sono dubbi sull'importanza dell'uranio per soddisfare la fame energetica del mondo, non tutti sanno dove viene estratto questo metallo e quali nazioni sono le protagoniste del mercato. Ecco perciò la graduatoria dei più grandi paesi produttori di uranio nel mondo, secondo gli ultimi dati (riferiti al 2019) della World Nuclear Association.

I PRIMI 5 PAESI:
KAZAKISTAN
CANADA
AUSTRALIA
NAMIBIA
NIGER

È il Kazakistan il più importante produttore del mondo, con una produzione di 22.808 tonnellate, che rappresenta il 43% della fornitura globale di uranio. La società più grande del paese e del mondo è la Kazataprom, di proprietà statale.

Alle spalle del Kazakistan c'è il Canada, che nel 2019 ha prodotto 6.938 tonnellate (il 13% della produzione globale). Rispetto al 2017 la quantità prodotta si è quasi dimezzata. Inoltre, in Canada ci sono le due principali miniere di uranio del mondo: Cigar Lake e McArthur River.

Terza posizione per l'Australia, con 6.613 tonnellate. Il paese, che detiene il 29% delle riserve di uranio mondiali, ospita Olympic Dam, il più grande giacimento di uranio conosciuto al mondo.

La produzione di uranio della Namibia, attestata a 5.476 tonnellate, è leggermente diminuita rispetto all'anno precedente. Il paese ospita due miniere di uranio in grado di produrre il 10% della produzione mondiale.

L'altro paese africano tra i primi 5 produttori del mondo è il Niger, che nel 2019 ha prodotto 2.983 tonnellate. La sua produzione rappresenta il 5,5% della produzione mondiale.

COMPLETANO LA CLASSIFICA:
RUSSIA
UZBEKISTAN
CINA
UCRAINA
SUDAFRICA

A completamento della classifica troviamo la Russia (2.911 tonnellate), l'Uzbekistan (2.404 tonnellate), la Cina (1.885 tonnellate), l'Ucraina (801 tonnellate) e il Sudafrica (346 tonnellate).

MINIERE DI URANIO NEL MONDO: LE 10 PIÙ IMPORTANTI

Nel mondo si producono 53.498 tonnellate di uranio e il paese più attivo è il Kazakistan, seguito da Canada e Australia. Questi 3 paesi rappresentano oltre i due terzi dell'estrazione mineraria di questo metallo.

Le aziende che gestiscono questo business sono numerose, anche se le più importanti si contano sulle dita di una mano.

Ma quali sono e dove si trovano le più grandi miniere di uranio del mondo? Secondo gli ultimi dati (2018) della World Nuclear Association la mappa delle 10 miniere di uranio più importanti del mondo è la seguente…

1 - CIGAR LAKE, Canada (produzione: 6.924 tonnellate)

Cigar Lake, nel nord della regione dello Saskatchewan (Canada), è la miniera di uranio più famosa al mondo. È nota per la purezza dell'uranio estratto, con un grado medio di U_3O_8 del 14,69%. È gestita dalla Cameco che ne possiede il 50%. La miniera ha rappresentato il 13% della produzione globale di uranio nel 2018.

2 - OLYMPIC DAM, Australia (produzione: 3.159 tonnellate)

È la BHP a possedere la Olympic Dam, una miniera che produce rame, uranio, oro e argento. È in funzione dal 1988 e nel 2018 la sua produzione ha rappresentato il 6% della produzione mondiale di uranio.

3 - HUSAB, Namibia (produzione: 3.028 tonnellate)

La miniera a cielo aperto Husab è di proprietà della Swakop Uranium, una partnership tra Cina (90%) e Namibia (10%). Secondo la Namibia Uranium

Association, questa miniera rappresenta il più grande investimento singolo della Cina in Africa.

4 - INKAI, Kazakistan (produzione: 2.643 tonnellate)

Si tratta di una miniera gestita da una joint venture tra Cameco (40%) e Kazatomprom (60%). Kazatomprom è una società statale che è la principale azienda produttrice di uranio del mondo.

5 - ROSSING, Namibia (produzione: 2.102 tonnellate)

Rappresenta il 4% della produzione mondiale ed è operativa dal 1976. Inizialmente di proprietà (68,62%) della Rio Tinto, dal 2019 la quota di maggioranza appartiene alla China National Uranium. Il governo namibiano possiede il 3%.

6 - BUDENOVSKOYE 2, Kazakistan (produzione: 2.081 tonnellate)

È una parte della miniera di Karatau, che ha iniziato a produrre nel 2009. La gestione è della joint venture Karatau tra Kazatomprom e Uranium One. Quest'ultima fa parte di Rosatom, la società statale russa per l'energia nucleare.

7 - TORTKUDUK, Kazakistan (produzione: 1.900 tonnellate)

Anche questa miniera si trova in Kazakistan ed è gestita da una joint venture tra Orano e Kazatomprom. Rappresenta il 4% della produzione mondiale totale di uranio.

8 - SOMAIR, Niger (produzione: 1.783 tonnellate)

Somair ha iniziato a produrre nel 1971 ed è di proprietà della Orano (63,4%) e della Sopamin (36,66%). La Sopamin è l'azienda statale che gestisce le miniere in Niger.

9 - RANGER, Australia (produzione: 1.695 tonnellate)

La miniera di Ranger, della Energy Resources of Australia, ha rappresentato il 3% della produzione mondiale ma, recentemente, è stata avviata alla chiusura. Cesserà l'attività mineraria entro gennaio 2021.

10 - KHARASAN 2, Kazakistan (produzione: 1.631 tonnellate)

La miniera di Kharasan, in attività dal 2013, è proprietà congiunta della Uranium One (30%) e della Kazatomprom (33,98%). Non sono disponibili molte altre informazioni su questa miniera kazaka.

LE 5 PIÙ GRANDI AZIENDE PRODUTTRICI

Molti esperti concordano sul fatto che le prospettive a lungo termine sono positive. Secondo la World Nuclear Association, la domanda sarà del 25% più alta entro il 2025, principalmente a causa della crescente industria nucleare in Asia.

Per anni i prezzi spot dell'uranio sono rimasti al di sotto dei 50 dollari per libbra, mentre i costi di produzione erano superiori. Motivo più che sufficiente per non aumentare la produzione. Ma, come noto agli operatori del settore, l'uranio è un prodotto ciclico, che vive periodi di prolungata crescita dei prezzi e altrettanto lunghi periodi di depressione.

La crescente volontà di molti paesi di spostarsi verso forme di energia verde, ha portato ad una ripresa dell'uranio. In più parti del mondo si costruiscono o si ringiovaniscono gli impianti di energia nucleare, fonti di elettricità senza emissioni di carbonio.

Per avere un quadro completo di chi sono gli attori di questo mercato poco conosciuto ma di grande importanza strategica, diamo un'occhiata alle 5 più importanti aziende nel mondo impegnate nella produzione di uranio. I dati sono gli ultimi disponibili e si riferiscono al 2018.

1 - CAMECO (produzione: 9,2 milioni libbre)

Cameco è la più importante azienda del settore. Rappresenta circa il 16% della produzione globale di uranio e ha miniere in tre paesi: Stati Uniti, Canada e Kazakistan. Nel 2018, ha chiuso una delle sue principali miniere a causa dei prezzi dell'uranio troppo bassi. La chiusura ha ridotto drasticamente l'offerta di uranio di Cameco da 23,8 milioni di libbre (2017) a 9,2 milioni di libbre nel 2018.

2 - RIO TINTO (produzione: 6,7 milioni di libbre)

Rio Tinto ha prodotto il 2% in più rispetto al 2017. La produzione di uranio dell'azienda arriva in parte attraverso una quota del 68,4% che detiene in Energy Resources of Australia, proprietaria della miniera di Ranger.

3 - BHP (produzione: 7,4 milioni di libbre)

La miniera della BHP di Olympic Dam, in Australia, è uno dei più grandi depositi di metalli al mondo. Oltre all'uranio, contiene anche rame, oro e argento. In più, Olympic Dam ha un impianto di lavorazione completamente integrato.

4 - ENERGY RESOURCES OF AUSTRALIA (produzione: 4,4 milioni di libbre)

Come accennato, Energy Resources of Australia possiede la miniera di Ranger, in Australia. Anche se l'estrazione nella miniera è ferma dal 2012, la società produce utilizzando il minerale di uranio stoccato.

5 - PALADIN ENERGY (produzione: 2,7 milioni di libbre)

L'attività principale di Paladin Energy è la miniera di Langer Heinrich, in Namibia. Inoltre, l'azienda possiede una partecipazione nella miniera di Kayelekera, in Malawi.

LE NUOVE FRONTIERE TECNOLOGICHE DELL'URANIO

UN NUOVO TIPO DI URANIO, PIÙ LEGGERO E MENO DANNOSO PER L'AMBIENTE

Ricercatori cinesi sono riusciti a produrre uranio leggero. Si tratta di atomi con solo 122 neutroni rispetto ai 146 neutroni presenti in oltre il 99% dell'uranio che si forma naturalmente (uranio-238 o U-238).

Un isotopo di un elemento ha sempre lo stesso numero di protoni. Nel caso dell'uranio i protoni sono 92, mentre il numero di neutroni è variabile. Gli scienziati identificano gli isotopi con un numero dato dalla somma dei neutroni e dei protoni nei loro nuclei e, in questo caso, il nuovo isotopo è stato chiamato uranio-214 (U-214).

Si tratta dell'isotopo dell'uranio con il numero più basso di neuroni e protoni mai scoperto, come evidenziato dagli scienziati della Chinese Academy of Sciences in una recente pubblicazione sulla rivista Physical Review Lettere.

Per creare il nuovo isotopo di uranio è stato usato un complicato processo di sabbiatura di campioni di tungsteno con fasci di calcio e argon, fino a quando gli atomi si sono fusi. Successivamente, sono stati estratti gli atomi di U-214 dal campione tramite uno strumento magnetico chiamato separatore.

Osservando il decadimento dei nuclei, i ricercatori hanno scoperto che l'emivita dellU-214 è di circa 0,52 millisecondi. Hanno quindi eseguito esperimenti simili su due isotopi scoperti in precedenza, l'uranio-216 e l'uranio-218. Così facendo hanno determinato che le loro emivite erano rispettivamente di circa 2,25 millisecondi e 0,65 millisecondi.

In termini pratici, questa emivita straordinariamente breve significa che la versione leggera dell'uranio potrebbe fornire fonti di combustibile più efficienti per i generatori di energia nucleare. Naturalmente, l'efficienza è fondamentale per riclassificare il nucleare come "sostenibile", un argomento d'attualità anche nell'Unione Europea. Infatti, la Commissione Europea sta esaminando quali siano le attività economiche da considerare sostenibili, in base a criteri ambientali rigorosi.

Visto che l'U-214 garantisce un più breve decadimento radioattivo, potrebbe aprire nuove strade per lo smaltimento dei rifiuti radioattivi, riducendo di fatto al minimo i danni per l'ambiente.

ESTRARRE URANIO DALL'ACQUA DI MARE

Gli oceani contengono più di 4 miliardi di tonnellate di uranio. Una quantità sufficiente a soddisfare il fabbisogno energetico globale per i prossimi 10.000 anni se solo potessimo catturare l'elemento dall'acqua di mare per alimentare le centrali nucleari.

Per decine d'anni i ricercatori di tutto il mondo hanno cercato di estrarre l'uranio dagli oceani, ma con scarso successo. Negli anni '90, gli scienziati della Japan Atomic Energy Agency (JAEA) hanno aperto la strada ai materiali che trattengono l'uranio mentre è bloccato o adsorbito sulle superfici del materiale immerso nell'acqua di mare.

Per chi non ricordasse bene il concetto di adsorbimento, si tratta di una proprietà fisico-chimica dei solidi e dei liquidi che consiste nel trattenere o concentrare sulla propria superficie atomi, molecole o ioni di altre sostanze solide e fluide a contatto con la superficie stessa. Si contrappone con l'assorbimento che comporta invece la penetrazione di sostanze fluide nella massa di un solido o di un liquido.

Nel 2011, il Dipartimento dell'Energia degli Stati Uniti (DOE) ha avviato uno studio per capire come fare ad estrarre economicamente uranio dall'acqua di mare. In 5 anni questo team di ricercatori ha sviluppato nuovi adsorbenti che riducono il costo dell'estrazione dell'uranio dall'acqua di mare da tre a quattro volte.

Attualmente, tutte le competenze e gli sforzi per riuscire in questa impresa sono concentrati nel Fuel Resources Program dell'Office of Nuclear Energy del DOE. È qui che stanno lavorando scienziati di tutto il mondo, compresi ricercatori in Cina e Giappone nell'ambito di accordi con l'Accademia Cinese delle Scienze e con la JAEA (Japan Atomic Energy Agency).

La sintesi di un materiale che è superiore nell'adsorbire l'uranio dall'acqua di mare ha richiesto un gruppo multidisciplinare e multi-istituzionale. Per questo, hanno preso parte alla ricerca chimici, scienziati computazionali, ingegneri chimici, scienziati marini ed economisti. Gli studi computazionali hanno fornito informazioni sui gruppi chimici che legano selettivamente l'uranio. Quelli termodinamici hanno fornito informazioni sulla chimica dell'uranio e sulle specie chimiche rilevanti nell'acqua di mare. Gli studi cinetici hanno scoperto i fattori che controllano la velocità con cui l'uranio nell'acqua di mare si lega all'adsorbente.

Comprendere le proprietà dell'adsorbente nell'acqua di mare è fondamentale per sviluppare adsorbenti più economici e prepararli ad afferrare quanto più uranio possibile.

Se fosse disponibile una fonte di combustibile nucleare economicamente valida e sicura, come lo sono le acque degli oceani, l'energia nucleare sarebbe una fonte di energia davvero sostenibile.

Per chi fosse interessato ai più recenti progressi in questo settore, troverà tutti gli articoli più importanti a riguardo sulla rivista Industrial & Engineering Chemistry Research dell'American Chemical Society (ACS).

L'URANIO IMPOVERITO, IL FRATELLO MINORE DELL'URANIO NATURALE

Per produrre combustibile per alcuni tipi di reattori e di armi nucleari, l'uranio deve essere "arricchito" nell'isotopo U-235, responsabile della fissione nucleare.

Durante il processo di arricchimento la frazione di U-235 viene aumentata dal suo livello naturale (0,72% in massa) tra il 2% e il 94% in massa. La miscela di uranio che ne risulta dopo che l'uranio arricchito è stato rimosso, ha concentrazioni ridotte di U-235 e U-234. Questo sottoprodotto del processo di arricchimento è noto come uranio impoverito (DU).

La definizione ufficiale di uranio impoverito data dalla Commissione di Regolamentazione Nucleare americana è "uranio in cui la frazione percentuale in peso di U-235 è inferiore allo 0,711%".

Nei più recenti conflitti militari, dai Balcani all'Iraq, l'uranio impoverito ha occupato vasti spazi di cronaca a causa dei danni alla salute dei militari che lo utilizzavano (compresi militari italiani). Tipicamente, la concentrazione percentuale in peso degli isotopi dell'uranio nell'uranio impoverito utilizzato per scopi militari è la seguente:

- U-238: 99,8%;
- U-235: 0,2%;
- U-234: 0,001%.

La seguente tabella da una visione comparativa di queste percentuali di isotopi nell'uranio naturale e in quello impoverito:

Isotopo	Abbondanza isotopica relativa			
	Uranio naturale		Uranio impoverito	
	Peso	Attività	Peso	Attività
U-238	99,28%	48,8%	99,8%	83,7%
U-235	0,72%	2,4%	0,2%	1,1%
U-234	0,0057%	48,8%	0,001%	15,2%

Ma quello che probabilmente interessa maggiormente è capire se l'uranio impoverito è più o meno radioattivo dell'uranio naturale.

Come è facile intuire, l'uranio impoverito è considerevolmente meno radioattivo dell'uranio naturale perché, non solo ha meno U-234 e U-235 per unità di massa rispetto all'uranio naturale, ma inoltre, tutte le tracce di prodotti di decadimento oltre l'U-234 e il Th-231 sono state rimosso durante l'estrazione e il trattamento chimico dell'uranio prima dell'arricchimento.

L'attività specifica del solo uranio nell'uranio impoverito è di 14,8 Bq per mg rispetto a 25,4 Bq per mg dell'uranio naturale. Ci vuole molto tempo prima che i prodotti di decadimento dell'uranio raggiungano l'equilibrio (radioattivo) con gli isotopi dell'uranio. Ad esempio, ci vuole quasi 1 milione di anni perché Th-230 raggiunga l'equilibrio con l'U-234.

Le proprietà fisiche e chimiche dell'uranio impoverito lo rendono particolarmente adatto per molti usi militari. Per esempio, viene utilizzato nella produzione di munizioni utilizzate per perforare le armature, come quelle che si trovano sui carri armati, nelle ogive dei missili e come componente dell'armatura dei carri armati. Infatti, l'armatura fatta di uranio impoverito è molto più resistente alla penetrazione delle munizioni anti-armatura convenzionali rispetto alla tradizionale corazza in acciaio laminato duro. Le munizioni perforanti sono generalmente denominate "penetratori ad energia cinetica".

L'uranio impoverito è preferito ad altri metalli per la sua alta densità, la sua natura piroforica (si autoinfiamma se esposto a temperature comprese tra 600°C e 700°C e pressioni elevate) e la sua proprietà di diventare più affilato, attraverso il taglio adiabatico, mentre penetra corazzatura.

In pratica, all'impatto con i bersagli, i penetratori ad uranio impoverito si accendono, rompendosi in frammenti e formando un aerosol di particelle la cui dimensione dipende dall'angolo dell'impatto, dalla velocità del penetratore e dalla temperatura. Queste particelle di polvere fine, possono prendere fuoco spontaneamente nell'aria, soprattutto se di piccole dimensioni. Al contrario, i test hanno dimostrato che pezzi grandi, come per esempio i penetratori usati nelle armi anticarro, normalmente non prendono fuoco.

LA NUOVA SCOPERTA DELL'URANIO LEGGERO

Ricercatori cinesi sono riusciti a produrre uranio leggero. Si tratta di atomi con solo 122 neutroni rispetto ai 146 neutroni presenti in oltre il 99% dell'uranio che si forma naturalmente (uranio-238 o U-238).

Un isotopo di un elemento ha sempre lo stesso numero di protoni. Nel caso dell'uranio i protoni sono 92, mentre il numero di neutroni è variabile. Gli scienziati identificano gli isotopi con un numero dato dalla somma dei neutroni e dei protoni nei loro nuclei e, in questo caso, il nuovo isotopo è stato chiamato uranio-214 (U-214)

Si tratta dell'isotopo dell'uranio con il numero più basso di neuroni e protoni mai scoperto, come evidenziato dagli scienziati della Chinese Academy of Sciences in una recente pubblicazione sulla rivista Physical Review Lettere.

Per creare il nuovo isotopo di uranio è stato usato un complicato processo di sabbiatura di campioni di tungsteno con fasci di calcio e argon, fino a quando gli atomi si sono fusi. Successivamente, sono stati estratti gli atomi di U-214 dal campione tramite uno strumento magnetico chiamato separatore.

Osservando il decadimento dei nuclei, i ricercatori hanno scoperto che l'emivita dellU-214 è di circa 0,52 millisecondi. Hanno quindi eseguito esperimenti simili su due isotopi scoperti in precedenza, l'uranio-216 e l'uranio-218. Così facendo hanno determinato che le loro emivite erano rispettivamente di circa 2,25 millisecondi e 0,65 millisecondi.

In termini pratici, questa emivita straordinariamente breve significa che la versione leggera dell'uranio potrebbe fornire fonti di combustibile più efficienti per i generatori di energia nucleare. Naturalmente, l'efficienza è fondamentale per riclassificare il nucleare come "sostenibile", un argomento d'attualità anche nell'Unione Europea. Infatti, la Commissione Europea sta esaminando quali siano le attività economiche da considerare sostenibili, in base a criteri ambientali rigorosi.

Visto che l'U-214 garantisce un più breve decadimento radioattivo, potrebbe aprire nuove strade per lo smaltimento dei rifiuti radioattivi, riducendo di fatto al minimo i danni per l'ambiente.

IL TORIO

I sostenitori del nucleare hanno trovato il loro paladino dell'energia pulita: il torio.

Il consumo di energia nucleare nel mondo è in aumento, mentre il futuro degli approvvigionamenti di uranio rimane abbastanza incerto. In questo contesto, il torio potrebbe essere un'alternativa all'uranio per fornire energia nucleare sicura e abbondante, ad un costo ragionevole.

Ma cosa è il torio e quale ruolo potrà svolgere nel futuro energetico globale?

È un metallo leggermente radioattivo, presente nelle rocce e nel terreno. In natura è più abbondante dell'uranio ed è fertile, anziché fissile. Nelle applicazioni nucleari, può essere utilizzato in combinazione con un materiale fissile, come per esempio il plutonio riciclato.

Il torio potrebbe essere un'alternativa all'uranio per fornire energia nucleare sicura e abbondante, ad un costo ragionevole

Allo stato attuale, l'uso del torio come fonte primaria di energia non è ancora a portata di mano. Infatti, l'estrazione economica di energia latente dal metallo, è un processo ancora molto complicata. Ciò significa che, prima che il settore dell'energia possa contare sul torio, rimane ancora molta ricerca da fare per poter perfezionare questa tecnologia.

Qualcuno ha provato ad utilizzarlo, come la società Thor Energy che, nel 2013, ha iniziato a produrre energia al suo reattore sperimentale di Halden, in Norvegia. L'esperimento è finanziato da un consorzio di cui fanno parte Westinghouse e Toshiba.

Oltre alla Thor Energy ci sono altre aziende impegnate nella ricerca su come sfruttare il torio, negli Stati Uniti, in Australia e nella Repubblica Ceca. Anche l'India è interessata da anni a questo combustibile e ha progettato un reattore ad acqua pesante specificamente rivolto all'utilizzo di torio. Naturalmente, non poteva mancare la Cina, perennemente affamata di energia, che sta studiando la fattibilità tecnica e commerciale di usare su vasta scala la centrale di Candu, un reattore ad acqua pesante che utilizza combustibili al torio. Completa la lista dei paesi molto interessati a questo metallo l'Indonesia, che vorrebbe sviluppare una centrale nucleare approfittando dell'abbondanza di materiale che potrebbe ricavare dai depositi di Bangka Belitung, grazie ai quali si stimano costi di produzione dell'energia di soli tre centesimi per kilowatt ora.

Interessante capire le proprietà del torio che, a differenza dell'uranio, non necessita di una divisione nucleare per effettuare una reazione a catena. Come accennato in precedenza, in termini scientifici, non è fissile. Tuttavia, se viene bombardato da neutroni di un combustibile fissile, come per esempio l'uranio-235 o il plutonio-239, si converte in uranio-233. Dopo l'avvio, il processo è autosufficiente. In parole semplici, i sistemi al torio sono costituiti da carburante eterogeneo fissile (e quindi ad alta potenza) e carburante fertile (a bassa o nulla potenza), contenuti in aree fisicamente separate tra loro. Ma poiché torio non è fissile da solo, le reazioni possono essere fermate in caso di emergenza

Naturalmente, ci sono aspetti e dettagli molto più complessi di quelli esposti, ma i meccanismi descritti dovrebbero servire dare una prima idea del funzionamento dei reattori al torio.

È un'alternativa interessante all'uranio in quanto è più economico e più abbondante. Inoltre, durante una reazione nucleare al torio, la maggior parte del metallo viene consumata e quindi produce meno scorie, la maggior parte delle quali diventano non pericolose nell'arco di soli 30 anni. Si consideri che per i residui nucleari più pericolosi, sono necessari 10.000 anni.

Infine, non per importanza, è quasi impossibile usare il torio per scopi militari, in quanto non contiene isotopi fissili. Cosa che, secondo alcuni scienziati, ha rallentato molto la ricerca e gli investimenti a riguardo.

Il torio è presente in piccole quantità in terreni e rocce in tutto il mondo, ed è stimato in circa quattro volte più abbondante dell'uranio. Le più grandi riserve si trovano in Cina, Australia, Stati Uniti, Turchia, India e Norvegia. Ma anche in Italia (Lazio settentrionale, Mont Mort, Umbria e Abruzzo) è presente, anche se non è nota l'entità delle riserve.

INVESTIRE IN URANIO

IL MONDO NON PUÒ FARE A MENO DELL'URANIO

Il Regno Unito punta a decarbonizzare il suo sistema energetico entro il 2035. Per farlo utilizzerà soltanto energia pulita che possa garantire una sicurezza delle forniture.

Per raggiungere questo obbiettivo metterà in portafoglio un mix di fonti rinnovabili come l'eolico, il solare e l'idrogeno, ma anche il nucleare. Quest'ultimo sarà determinante nell'azzeramento delle emissioni nette.

È di grande interesse la strategia britannica contenuta nel "Net Zero Strategy:Build Back Greener" che prevede 215 milioni di sterline da investire in piccoli reattori modulari e 170 milioni di sterline per la ricerca e il programma di sviluppo di reattori modulari avanzati. A ciò si aggiungerà almeno un nuovo progetto nucleare su larga scala.

Mentre l'Unione Europea è divisa sull'uso dell'energia nucleare, il Regno Unito sembra lanciato con decisione su questa strada che con ogni probabilità gli consentirà di primeggiare non solo dal punto di vista energetico, ma anche per quanto riguarda la tecnologica in questo settore strategico.

Naturalmente, quanto si parla di nucleare, i mercati guardano subito all'uranio, la fonte di combustibile che alimenta i reattori e consente la produzione di elettricità. Negli ultimi anni, i prezzi spot dell'uranio si sono mossi in un intervallo compreso tra 25 e 35 dollari per libbra. Ma a settembre di quest'anno, il prezzo è salito violentemente, superando i 50 dollari.

Il motivo principale dell'impennata dei prezzi è da ricercare tra i fondi d'investimento che stanno acquistando milioni di libbre di uranio già prodotto. Visto il deficit tra domanda e offerta che il settore dovrà affrontare nel prossimo decennio, i grossi investitori comprano uranio.

La domanda di combustibile nucleare aumenterà man mano che le aziende impegnate nel raggiungere emissioni-zero avranno bisogno di una fonte di energia che fornisca elettricità sicura, pulita, affidabile e conveniente.

Secondo Cameco, una delle aziende leader nella produzione di uranio, un terzo della popolazione mondiale ha uno scarso accesso, o addirittura nessuno, all'elettricità, mentre l'85% della attuale produzione di elettricità proviene dai combustibili fossili. Ecco perché il mondo non può fare a meno del nucleare e, di conseguenza, dell'uranio.

Considerando che la capacità produttiva di uranio nel prossimo decennio soddisferà solo circa il 70% della richiesta, sarà necessario produrre più uranio per soddisfare il restante 30% del fabbisogno.

Mentre i fondi di investimento accumulano uranio speculando sulle prospettive delle nuove frontiere energetiche globali e mentre alcuni paesi, come per esempio il Regno Unito, investono nelle nuove tecnologie nucleari, l'Italia se ne sta in fondo alla fila a guardare, cullandosi nell'illusione che il progresso energetico possa essere fermato da ideologie medioevali che hanno messo all'indice l'energia nucleare, quasi fosse opera del demonio. Ma, anche in questo caso, il conto dell'ignoranza degli italiani di oggi la pagheranno gli italiani di domani.

I 5 MAGGIORI TITOLI AZIONARI NEL SETTORE DELL'URANIO

L'uranio non è certo la prima tra le commodities a cui pensa un investitore. Eppure, negli ultimi anni, è stato tra le commodities con le migliori performances.

Più il prezzo dell'uranio è cresciuto e maggiore è stato l'interesse degli investitori verso questo settore. Quest'anno, il metallo è partito a 39,5 dollari per libbra e, nel corso del primo trimestre, ha continuato a crescere. A metà aprile ha poi toccato il massimo 63,50 dollari, il massimo di undici anni.

D'altronde si sono combinati una serie di fattori favorevoli al rialzo, tra i quali i cali della produzione dovuti alle interruzioni per il COVID-19 nel 2020 e una spinta sempre maggiore verso l'energia nucleare come fonte di energia pulita.

A lungo termine, entro il 2025, le previsioni indicano una crescita della domanda di uranio del 25%, che servirà per alimentare tutti i nuovi reattori in costruzione, localizzati soprattutto in Asia. Inoltre, sta crescendo l'interesse per i piccoli reattori modulari che offrono un altro modo per integrare l'energia atomica in un progetto o in una rete energetica.

Naturalmente, la guerra in Ucraina ha dato un'ulteriore spinta ai prezzi dell'uranio, mentre tutti guardano al mercato spot per acquistare metallo in modo da rispettare i contratti, dopo un anno di chiusura delle miniere e problemi logistici. Si tratta di una situazione straordinaria visto che il mercato dell'uranio si è sempre basato su contratti a medio e lungo termine, programmati dagli uffici acquisti con largo anticipo rispetto all'utilizzo.

In questo contesto, agli investitori interessa conoscere quali sono le aziende che controllano l'estrazione di uranio nel mondo. Quelle che seguono sono le 5 più grandi in termini di capitalizzazione, secondo i dati di mercato aggiornati alla fine della prima decade di aprile 2022.

1° - BHP (capitalizzazione di mercato: 192,12 miliardi di dollari)

BHP detiene la miniera australiana Olympic Dam, uno dei più grandi giacimenti di uranio al mondo. Sebbene sia il rame quello che viene principalmente estratto da questa miniera, anche uranio, oro e argento fanno parte della produzione. Nel 2021, la sua produzione di uranio è diminuita dell'11% anno su anno, passando da 3.678 milioni di tonnellate di concentrato di ossido di uranio a 3.267 milioni di tonnellate.

2° - CAMECO (capitalizzazione di mercato: 12,2 miliardi di dollari)

Per la canadese Cameco il 2020 è stato un anno proprio disastroso, a causa del COVID-19. La produzione è crollata e solo nell'anno successivo ha iniziato a riprendersi, ma pur sempre del 75% al di sotto della capacità produttiva dell'azienda. La produzione di uranio nel 2021 è stata di 6,1 milioni di libbre. Cameco opera soprattutto in Canada dove ha una partecipazione del 50% in Cigar Lake, considerata la miniera di uranio più prolifica al mondo.

3° - NEXGEN ENERGY (capitalizzazione di mercato: 2,99 miliardi di dollari)

Anche NexGen Energy è canadese ed è focalizzata su progetti nel bacino di Athabasca (Canada). Le sue attività principali sono a Rook I, dove sono state fatte una serie di scoperte, tra cui Arrow e South Arrow. Qui potrebbe nascere la miniera di uranio più grande del mondo. L'azienda detiene anche una partecipazione del 51% in IsoEnergy, in fase di esplorazione.

4° - URANIUM ENERGY (capitalizzazione di mercato: 1,59 miliardi di

dollari)

Uranium Energy è un'azienda statunitense, che dispone di due piattaforme hub-and-spoke di recupero in situ (ISR) pronte per la produzione nel Texas meridionale e nel Wyoming. La società sta aspettando che i livelli dei prezzi dell'uranio giustifichino l'inizio della produzione. Nel frattempo, ha iniziato ad acquistare uranio fisico nel marzo 2021 e, a metà marzo 2022, aveva accumulato scorte per 4,1 milioni di libbre di uranio.

5° - ENERGY FUELS (capitalizzazione di mercato: 1,52 miliardi di dollari)

È il più grande produttore di uranio negli Stati Uniti, grazie all'impianto di White Mesa, nello Utah, l'unico operativo nel paese con una capacità di oltre 8 milioni di libbre di U3O8 all'anno. Energy Fuels possiede anche il progetto Nichols Ranch ISR nel Wyoming e il progetto Alta Mesa ISR in Texas, entrambi attualmente in standby.

LA FRENETICA ATTIVITÀ DEI FONDI D'INVESTIMENTO

Il primo ad aprire le danze è stato Sprott Asset Management, il fondo di investimento americano, nato nel 2021 e che ha subito comprato uranio per oltre 1 miliardo di dollari. Poi ha cominciato a comprare North Shore Global Uranium Mining ETF (URNM) ed è entrato a far parte di Global X Uranium ETF (URA), lanciando anche un ETF in Europa, denominato Global X Uranium Ucits ETF (URNU).

Il lancio dei primi due fondi negoziati in borsa sull'uranio quotati in Europa sono gli ultimi indicatori di una crescente e frenetica attività dei fondi rivolta ad investire nel combustibile nucleare.

L'interesse speculativo è così grande che gli osservatori del settore si sono ritenuti in dovere di avvertire che non ci sono garanzie che la buona performance del 2021 si ripeterà, anche in presenza di una grave crisi energetica europea innescata dalla guerra in Ucraina.

L'attività speculativa è stata guidata da Sprott Asset Management, che ha guadagnato notorietà lo scorso anno dopo che il suo Sprott Physical Uranium Trust (SPUT), lanciato a luglio, ha iniziato ad accumulare così tanto uranio che si temeva che potesse mettere alle strette il mercato e soffocare le forniture alle centrali elettriche.

Come ricorda l'amministratore delegato di Sprott, in ogni mercato delle materie prime ci sono consumatori finali e speculatori. Sprott, i cui investimenti in uranio ad oggi ammontano a circa 3 miliardi di dollari, non vende uranio, ma lo accumula soltanto in attesa di prezzi sempre più alti.

Il lancio di fondi in Europa avviene dopo che nel 2021 i fondi URA e URNM, quotati negli Stati Uniti, hanno prodotto rendimenti superiori al 58% e al 79% rispettivamente.

Secondo gli analisti ci sono buone ragioni per investire nel nucleare su orizzonti temporali lunghi. Anche se l'attuale interesse per tutti questi fondi specializzati in uranio sembra speculativo, e come tale soggetto a raffreddamento dell'entusiasmo, i fondamentali dell'uranio sono solidi.

La produzione di energia nucleare potrebbe non emettere gas serra ma, come tutti sanno, produce rifiuti altamente tossici che richiedono uno smaltimento sicuro e che possono comportare rischi di radiazioni. Le perdite di radiazioni come quelle di Chernobyl negli anni '80 e di Fukushima nel 2011 potrebbero raffreddare rapidamente l'entusiasmo per l'energia nucleare.

Tuttavia, il nucleare è stato accettato da molti come un elemento necessario del processo di decarbonizzazione globale e potrebbe costituire una parte importante del mix energetico globale per il prossimo futuro,.

Circa 440 centrali nucleari utilizzano nel mondo circa 180 milioni di libbre di uranio all'anno. Tuttavia c'è un deficit di produzione, dovuto a un calo dei prezzi di alcuni anni fa, il che significa che vengono estratti solo circa 130 milioni di libbre all'anno. Il balzo del prezzo dell'uranio lo scorso anno ha spinto alcuni minatori riaprire le miniere fuori servizio.

In ogni caso, per un investitore la prudenza è d'obbligo visto che tra il 2006 e il 2012 esistevano 13 fondi d'investimento focalizzati sull'uranio e sul nucleare. Pochi anni dopo, entro la fine del 2014, ne erano rimasti soltanto tre.

APPENDICI

ALLA RICERCA DELL'URANIO NAZISTA SCOMPARSO DOPO LA GUERRA

Erano 664 i cubi di uranio raccolti dagli scienziati nazisti per costruire un reattore nucleare durante la Seconda Guerra Mondiale.

Uno di questi è arrivato nelle mani di Timothy Koeth, un ricercatore dell'Università del Maryland (Stati Uniti), che lo ha ricevuto come regalo di compleanno. Un dono piuttosto straordinario, che ha spinto lo scienziato nell'avventura della vita: ricostruire la verità circa il tentativo di Hitler di costruire un reattore nucleare.

Le conclusioni di tutta questa affascinante indagine sono state pubblicate su Physics Today.

Il cubo di Timothy Koeth rappresenta uno dei 664 cubi di uranio che erano stati messi insieme (in una forma che ricorda un candeliere) dagli scienziati tedeschi, tra cui c'era anche Werner Heisenberg, il celebre fisico teorico che fu uno dei padri della meccanica quantistica.

Il laboratorio sperimentale dei tedeschi era piccolo e si trovava sottoterra, nella città di Haigerloch. Attualmente, il sito è diventato il Museo Atomkeller, che il pubblico può visitare.

L'esperimento con i cubi di uranio fu l'ultimo tentativo tedesco di creare un reattore nucleare autosufficiente, anche se non c'era abbastanza uranio per raggiungere questo obiettivo. Tuttavia, mentre i 664 cubi di uranio non erano sufficienti, a quei tempi in Germania ce ne erano altri 400 in altri laboratori in competizione con quello di Haigerloch. Se i nazisti li avessero messi insieme, avrebbero potuto costruire un reattore nucleare funzionante.

Una evidenza della più grande differenza tra il programma di ricerca nucleare tedesco e americano. Il programma tedesco era diviso e con laboratori in competizione tra loro, mentre l'American Manhattan Project era centralizzato e collaborativo.

Naturalmente, la domanda che tutti si sono sempre posti è quanto fossero vicini i tedeschi ad un reattore nucleare funzionante. Secondo Timothy Koeth, l'esperimento del reattore di Haigerloch avrebbe avuto bisogno di circa il 50% in più di uranio per funzionare. Quindi, anche se i 400 cubi aggiuntivi fossero stati portati ad Haigerloch per essere utilizzati all'interno dell'esperimento del reattore, gli scienziati tedeschi avrebbero comunque avuto bisogno di più acqua pesante per far funzionare il reattore. In altre parole, non c'era nessuna minaccia imminente di una Germania nucleare entro la fine della guerra.

Comunque, quel che ancora rimane di quei giorni, sono quei cubi di uranio nazista. Tutti i 664 cubi di Haigerloch sono stati spediti negli Stati Uniti e sono finiti nelle mani di molte persone. Probabilmente, sono ancora nascosti in qualche scantinato o in qualche ufficio, sparsi in tutto il paese.

Ma degli altri 400 cubi di uranio se ne sa ancora meno. Si sospetta che siano finiti sul mercato nero in Europa dopo la fine della Seconda Guerra Mondiale, ma nessuno sa dove. La caccia all'uranio nazista di Timothy Koeth e dei suoi colleghi continua...

I 5 METALLI PIÙ RADIOATTIVI CHE ESISTONO IN NATURA

Ci sono parole che scatenano istintivamente paura e preoccupazione, tanto più quanto meno se ne conosce il significato. Come nel caso della radioattività, che richiama alla mente incidenti nucleari o ordigni atomici da cui nessuno può trovare scampo.

Cerchiamo però di contenere la paura e cercare di capire qualcosa di più. Quali sono gli elementi davvero radioattivi? E, tra loro, quali sono i metalli?

Innanzitutto, la radioattività è una misura della velocità con cui un nucleo atomico si decompone in pezzi più stabili. Tale processo, chiamato decadimento, può avvenire in molti passaggi instabili prima che un elemento si rompa in un pezzo stabile. In ogni caso, tutti gli elementi della tavola periodica che hanno un numero superiore ad 84 sono estremamente radioattivi.

Considerando che non esiste una definizione scientifica di "più radioattivo" (emivita più breve? Prodotti del decadimento a più alta energia? Emivita più lunga?) possiamo redigere una classifica prendendo in considerazione solo gli elementi stabili e, in qualche modo, utilizzabili.

Per esempio, l'Oganesso è teoricamente l'elemento più radioattivo conosciuto (ha un emivita di soli 1,8 millisecondi) ma è ridicolmente instabile. Oppure il Francio, di cui esistono soltanto 15-20 grammi sulla crosta terrestre è, anche lui, estremamente instabile (decade in 22 minuti).

Quindi, escludendo tutti quegli elementi attualmente considerati quasi delle curiosità per la fisica e la chimica teorica oppure prodotti sinteticamente con attivazione neutronica (come, per esempio, il cobalto-60), ecco quali sono i 5 metalli più radioattivi che esistono.

1 - POLONIO

Poiché è un elemento naturale che rilascia un'enorme quantità di energia, molte fonti citano il polonio come l'elemento più radioattivo. In effetti, il polonio è così radioattivo che si illumina di blu, a causa dell'eccitazione delle particelle di gas provocata dalle radiazioni. Un singolo milligrammo di polonio emette tante particelle alfa quanto 5 grammi di radio. Inoltre, decade per rilasciare energia al ritmo di 140 W/g.

Il tasso di decadimento del polonio è così alto da poter aumentare la temperatura di un campione di mezzo grammo di polonio a oltre 500 °C. Ciò produce una dose di raggi gamma di 0,012 Gy/h (Gray per ora), una radiazione più che sufficiente a uccidere esseri umani.

2 - RADIO

Il radio ha soprattutto un'importanza storica, visto che da lui deriva il nome della radioattività. Fu scoperto da Marie Curie e da suo marito Pierre nel 1898, ma fu isolato nella sua forma metallica solo nel 1902. Una volta veniva usato in alcune applicazioni (anche in campo medico) ma, ad oggi, è stato sostituito da altri elementi più economici, sicuri e potenti (come il cobalto-60 e il cesio-137).

A parità di massa, la radioattività che viene emessa da questo metallo radioattivo è oltre un milione di volte più intensa di quella dell'uranio.

3 - PLUTONIO

È l'elemento più utilizzato per le bombe nucleari a fissione, oltre ad essere caratterizzato da una notevole radioattività (alfa, beta e gamma). Tuttavia, non è il metallo più radioattivo, pur essendo probabilmente tra i più pericolosi (è anche tossico).

Il plutonio non esiste in natura. Si forma infatti all'interno del nocciolo di un reattore nucleare quando un nucleo di Uranio-238 assorbe un neutrone.

Per decenni, gli scienziati si sono chiesti perché il plutonio non si comporta come altri metalli nel suo gruppo. Ad esempio, il plutonio è un cattivo

Ispra (Varese) e della Casaccia (Roma) e, verso la metà degli anni sessanta, all'entrata in funzione della centrale di Trino Vercellese e di Latina, fortemente volute da Enrico Mattei. A quel punto l'Italia era al terzo posto nel mondo per la produzione di energia elettronucleare!

In questa traiettoria, Felice Ippolito era stato determinante, ricoprendo incarichi esecutivi di primo piano che avevano portato alla costruzione di centrali elettronucleari a brevetto italiano. Ma a questo punto (1963), entrò in gioco la politica. La peggior politica che un paese potesse partorire…

Giuseppe Saragat, ministro degli esteri del governo Moro, criticò in malafede la validità economica delle centrali nucleari, avviando una campagna di delegittimazione di Felice Ippolito, con ogni probabilità su mandato delle potenti multinazionali petrolifere americane.

Ippolito venne quindi sospeso dal CNEN e, nel 1964, venne accusato dalla magistratura di presunte irregolarità amministrative. Ne seguì una condanna a undici anni di carcere, poi ridotti a cinque in appello. Per quanto possa sembrare incredibile, tra le irregolarità per cui fu condannato al carcere c'erano quelle di aver regalato ai giornalisti partecipanti ad un seminario delle borse di finta pelle con dentro gli stampati illustrativi dell'attività del CNEN.

Una vergogna che nessuno potrà cancellare dalla storia politica del nostro paese. Ippolito finí in carcere e Giuseppe Saragat finí a fare il Presidente della Repubblica. L'ingiustizia era così grande che lo stesso Saragat, da Presidente della Repubblica, concesse la grazia a Felice Ippolito che, dopo aver scontato 2 anni, poté uscire dal carcere.

Era stata messa una pietra tombale su quello che avrebbe potuto diventare un primato energetico strategico italiano in tutto il mondo, con conseguenze economiche per il futuro del paese difficilmente calcolabili.

D'altronde, già nel 1962, si sarebbe potuto immaginare che non c'era spazio per un'Italia che potesse recitare un ruolo da protagonista sullo scenario energetico mondiale. Le potenti lobby americane non tolleravano concorrenti in casa. Il 27 ottobre 1962 morí in un misterioso incidente aero Enrico Mattei,

Presidente dell'ENI. Si trattò in realtà di un attentato, come scritto in una sentenza del processo sulla scomparsa del giornalista Mauro De Mauro.

Dopo la reclusione, Felice Ippolito venne accolto dalla stima e dal sostegno di molti accademici ed esponenti politici. Riprese quindi ad insegnare geologia all'università e, per la fortuna di tutti quelli che credevano nella scienza, fondò la rivista Le Scienze. Scomparve nel 1997.

Tornando ai nostri giorni, sappiamo tutti che il capitolo dell'energia nucleare in Italia è ormai chiuso. Ma per chi vuole ripercorrere la storia recente del nostro paese, il caso Ippolito è ricco di insegnamenti, soprattutto per le nuove generazioni, affinché non ripetano gli errori dei loro padri e dei loro nonni.

SCHEDA DELL'URANIO

Gruppo	Attinidi	Punto di fusione	1135°C, 2075°F, 1408 K
Periodo	7	Punto di ebollizione	4131°C, 7468°F, 4404 K
Blocco	f	Densità (g cm−3)	19.1
Numero atomico	92	Massa atomica relativa	238029
Stato a 20°C	Solido	Isotopi chiave	234U, 235U, 238U
Configurazione elettronica	[Rn] 5f36d17s2	Numero CAS	7440-61-1

GRAFICO DEI PREZZI DELL'URANIO DAL 1988 AD OGGI

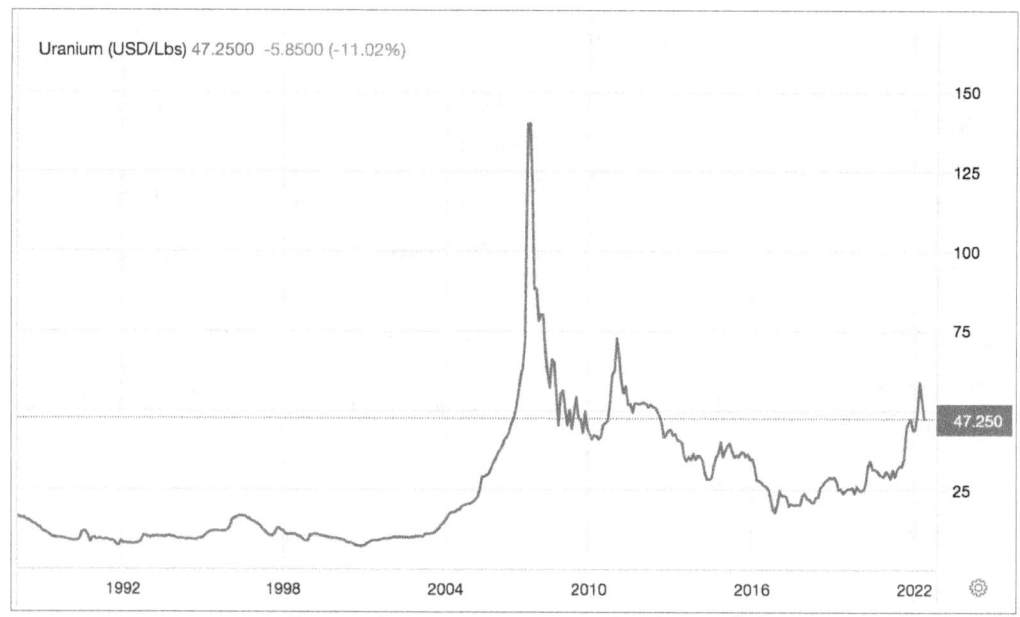

I prezzi vengono espressi in dollari/libra

Bibliografia

- W. M. Haynes, ed., CRC Handbook of Chemistry and Physics, CRC Press/Taylor and Francis, Boca Raton, FL, 95th Edition, Internet Version 2015, accessed December 2014.

- Tables of Physical & Chemical Constants, Kaye & Laby Online, 16th edition, 1995. Version 1.0 (2005), accessed December 2014.

- J. S. Coursey, D. J. Schwab, J. J. Tsai, and R. A. Dragoset, Atomic Weights and Isotopic Compositions (version 4.1), 2015, National Institute of Standards and Technology, Gaithersburg, MD, accessed November 2016.

- T. L. Cottrell, The Strengths of Chemical Bonds, Butterworth, London, 1954.

- John Emsley, Nature's Building Blocks: An A-Z Guide to the Elements, Oxford University Press, New York, 2nd Edition, 2011.

- Thomas Jefferson National Accelerator Facility - Office of Science Education, It's Elemental - The Periodic Table of Elements, accessed December 2014.

- Roberto Gozzetti - Uranio, il metallo che fa paura – metallirari.com – 2016

- Skinner, L.B., et al. "Molten uranium dioxide structure and dynamics," Science, Vol. 21, No. 346, Nov., 21, 2014. DOI: 10.1126/science.1259709(opens in new tab)

- "Backgrounder on the Chernobyl Nuclear Power Plant Accident." U.S. Nuclear Regulatory Commission. Updated March 1, 2022.

- "Uranium Mining Overview(opens in new tab)." World Nuclear Association. Updated September 2021.
- Vincent P. Guinn, in Encyclopedia of Physical Science and Technology (Third Edition), 2003

Indice

IL FASCINO DELL'URANIO.. 3
UNA FAME SINISTRA, MA IMMERITATA... 5
IL METALLO CHE FA PAURA.. 7
CAPIRE LA RADIOATTIVITÀ PER CAPIRE L'URANIO...................................... 10
I MINERALI DI URANIO... 13
DOVE SONO E COME SONO FATTI I DEPOSITI DI URANIO............................ 15
GEOPOLITICA DELL'URANIO... 17
   DOVE SI TROVANO LE PIÙ GRANDI RISERVE DI URANIO DEL MONDO?.........18
   I 10 PIÙ GRANDI PAESI PRODUTTORI DI URANIO.. 20
   MINIERE DI URANIO NEL MONDO: LE 10 PIÙ IMPORTANTI......................... 22
   LE 5 PIÙ GRANDI AZIENDE PRODUTTRICI... 25
LE NUOVE FRONTIERE TECNOLOGICHE DELL'URANIO...................................... 27
   UN NUOVO TIPO DI URANIO, PIÙ LEGGERO E MENO DANNOSO PER L'AMBIENTE.. 28
   ESTRARRE URANIO DALL'ACQUA DI MARE.. 30
   L'URANIO IMPOVERITO, IL FRATELLO MINORE DELL'URANIO NATURALE...32
   LA NUOVA SCOPERTA DELL'URANIO LEGGERO.. 35
   IL TORIO... 37
INVESTIRE IN URANIO... 40
   IL MONDO NON PUÒ FARE A MENO DELL'URANIO.. 41
   I 5 MAGGIORI TITOLI AZIONARI NEL SETTORE DELL'URANIO..................... 43
   LA FRENETICA ATTIVITÀ DEI FONDI D'INVESTIMENTO................................. 46
APPENDICI... 48
   ALLA RICERCA DELL'URANIO NAZISTA SCOMPARSO DOPO LA GUERRA........49
   I 5 METALLI PIÙ RADIOATTIVI CHE ESISTONO IN NATURA........................... 51
   URANIO ED ENERGIA IN ITALIA: LA STORIA DI FELICE IPPOLITO................. 54
   SCHEDA DELL'URANIO... 57
   GRAFICO DEI PREZZI DELL'URANIO DAL 1988 AD OGGI................................ 58
Bibliografia.. 59

www.ingramcontent.com/pod-product-compliance
Lightning Source LLC
Chambersburg PA
CBHW050310220526
45465CB00005B/1928